发现身边的科学
FAXIAN SHENBIAN DE KEXUE

挑战平衡术

王轶美 主编

贺杨 陈晓东 著 上电—中华"华光之翼"漫画工作室 绘

中国纺织出版社有限公司

咚咚："哇——我站住了，我站……哎呦！"

话音未落，咚咚失去了平衡，差点儿摔下来，还好妈妈扶住了他。

妈妈："咚咚，没事吧！刚开始练习，不要太着急，要慢慢地用身体寻找平衡。"

电动平衡车

电动平衡车是一种现代的新型交通工具，它往往只有两个轮子，但是运用"动态稳定"的原理，通过车身内的电机、陀螺仪和加速度传感器的相互配合，当车辆朝一边失去平衡时，电机就会驱动车轮滚向失去平衡的一方。这样，车轮就会不停地向前滚动了。这一原理特别像我们的人体，当我们要往后仰摔倒时，我们的腿会自然的地往后退两步，使得身体平衡。

咚咚："怎样才能找到平衡呢？"

爸爸："你可以尝试着把胳膊张开。"

咚咚："哦——好神奇呀！好像是稳一点儿了。"

妈妈："慢慢来，微微动一动你的胳膊，寻找平衡。"

身体平衡能力

　　我们的身体几乎都是对称生长的，左边和右边几乎都一样，这样的好处就是身体容易平衡。我们的任何运动几乎都是在维持身体平衡的状态下进行的。

抱大球行走

适合年龄：5~6岁儿童

目的：改善孩子的身体控制及平衡能力。

要求：让孩子拿着或双手抱着大型的物件（比如瑜伽球）向前走，也可以选择稍大的纸箱。

支持：注意随时提醒孩子走路的姿势和前面的方向，站在离孩子不远的地方，随时注意防止孩子摔倒。

儿童的平衡能力和肌肉力量还处在发展的阶段，所以这个游戏对于儿童来说，也是有一定的挑战性的。瑜伽球挡住了孩子的视线，孩子就失去了部分视觉参考，同时双手抱住瑜伽球，双手的平衡调节也将失去，孩子将靠自身的小脑和身体控制来完成游戏。

咚咚："爸爸，为什么张开胳膊就不容易摔倒呢？"

爸爸："这个问题，我们可以用这个矿泉水瓶做个小测试。"

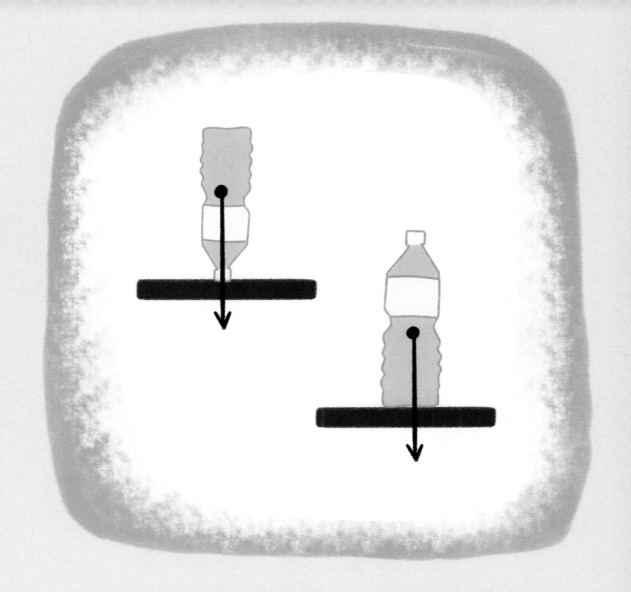

咚咚："倒立的矿泉水瓶倒了，为什么会这样呢？"

爸爸："简单来说，倒立的矿泉水瓶因为底部瓶口很小，而上面很高很大，所以重心也很高。晃动时，瓶子的重心很容易偏离瓶口的位置，所以容易失去平衡而摔倒。"

咚咚："原来如此。"

物体的重心

　　重心是指地球对物体中每一微小部分引力的合力作用点。实际上，物体的每一微小部分都受地心引力作用，重心只是一个等效的作用点。比如规则形状的物体，重心往往在它的几何中心上，比如均匀的正方体木块，它的重心就在几何中心处。也有特殊情况，重心并不在物体身上的，比如足球，它的中间是空心的，可是重心却在足球的球心位置。

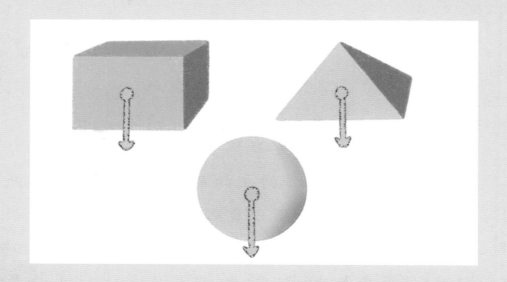

试试为下面的物体画上重心吧!

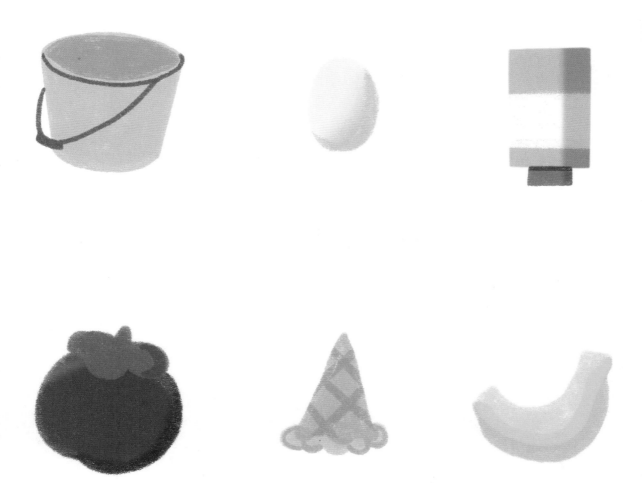

爸爸："现在我们一起做一个平衡挑战——用一根牙签支撑起两个叉子，并且平稳地落在杯口上。"

咚咚："听上去怎么不太可能？"

爸爸："我们试试看。"

咚咚："这也是平衡原理吗？"

爸爸："是的，你仔细观察，两个叉子降低了整体的重心，即使支点只是一根牙签，只要调整好平衡，它也能稳稳地落在杯口。你有信心挑战吗？"

操作步骤

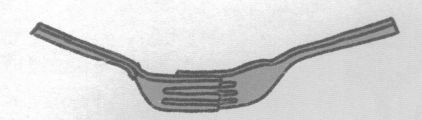

1. 把两个相同的叉子叉在一起，注意不要用力过猛而伤到手；

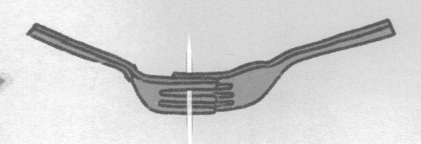

2. 把牙签戳在叉子的细缝中，尽量戳在中央处；

3. 再把牙签末端放在玻璃杯边缘，细微调整牙签的
位置，使叉子在杯口平衡。

　　这是一个需要耐心的实验，整个搭建过程会很
快，但是调整叉子的平衡却很难，需要在杯口不停地
尝试，找到平衡点。

　　咚咚："我怎么感觉这好像是两个叉子在玩跷跷板呢！"

　　爸爸："你太厉害了！其实它们都算是一种杠杆的模型！"

　　杠杆是一种简单机械，它的主要部件是一根硬质的杆子，还需要一个支点，杆子可以围绕支点转动，这样就组成了一个杠杆模型。跷跷板就可以围绕中间支点转动，当两边孩子的重量差不多时，跷跷板可以保持平衡。

平衡原理的妙用——杆秤

　　现代科技社会给物品称重已经变得越来越方便了，用小小电子秤，利用传感器就可以精准地称量重量。可是在古代社会，称量却不是一件容易的事，好在中国古代匠人们通过钻研，发明了一种轻巧又公平的称量工具——杆秤。这个杆秤是由一根木杆和秤砣组成的，木杆上钉有金属小钉，组成刻度。称量的时候，一端挂物品，一端移动秤砣，当秤杆平衡时，就可以称量出物品的重量了。杆秤就是利用杠杆平衡原理制作而成的，它可是我国古代工匠优秀作品的典范，由此还衍生出杆秤文化，因为它是公平公正的象征。

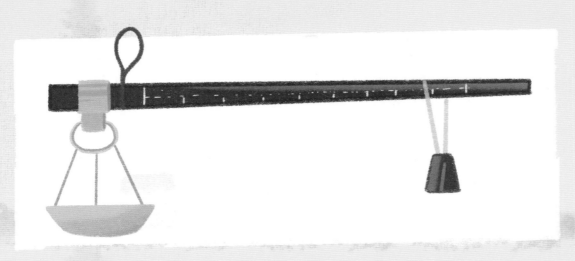

令人惊叹的平衡术

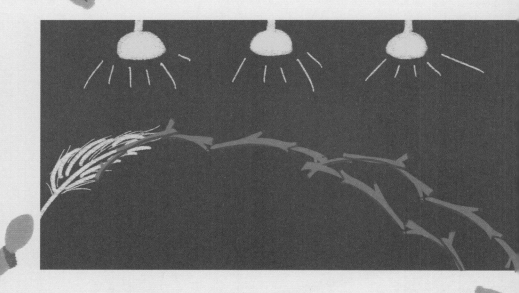

石头平衡术

　　通过几块形状完全不规则的石头间的接触，完成不可思议的搭建，实现石头的平衡。

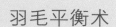

羽毛平衡术

从一根羽毛开始，逐步用十几个树枝搭建起一个形似鱼骨架的平衡系统。

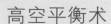

高空平衡术

一种大家熟悉的杂技表演，杂技演员通过身体的平衡，克服高空的各种不利因素在绳索上行走，完成令人拍手叫绝的高难度动作。

拓展与实践

1. 用叉子完成上文中的平衡实验。

2. 观察生活中的平衡现象，尝试自己做一个平衡挑战小游戏。

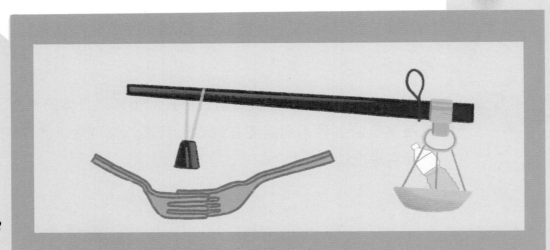

绘图：查筱菲　王悦　余宛洳　潘晓燕　黄郁璇

扫一扫
观看实验视频

准备工具

相同叉子两个

牙签一根

水杯一个

矿泉水瓶一个

图书在版编目（CIP）数据

发现身边的科学.挑战平衡术／王轶美主编；贺杨，
陈晓东著；上电－中华"华光之翼"漫画工作室绘. --
北京：中国纺织出版社有限公司，2021.6
ISBN 978-7-5180-8347-3

Ⅰ.①发… Ⅱ.①王… ②贺… ③陈… ④上… Ⅲ.
①科学实验—少儿读物 Ⅳ.① N33-49

中国版本图书馆CIP数据核字（2021）第022976号

策划编辑：赵　天　　特约编辑：李　媛
责任校对：高　涵　　责任印制：储志伟　　封面设计：张　坤

中国纺织出版社有限公司出版发行
地址：北京市朝阳区百子湾东里 A407 号楼　邮政编码：100124
销售电话：010—67004422　传真：010—87155801
http://www.c-textilep.com
中国纺织出版社天猫旗舰店
官方微博 http://weibo.com/2119887771
北京通天印刷有限责任公司印刷　各地新华书店经销
2021 年 6 月第 1 版第 1 次印刷
开本：710×1000　1/12　印张：24
字数：80 千字　定价：168.00 元（全 12 册）

凡购本书，如有缺页、倒页、脱页，由本社图书营销中心调换